Sylvia Thürschweller

Gründe der Naturentfremdung und Strategien der
Umweltbildung dieser entgegenzuwirken

Sylvia Thürschweller

Gründe der Naturentfremdung und Strategien der **Umweltbildung** dieser entgegenzuwirken

© 2020
Herstellung und Verlag:
BoD – Books on Demand, Norderstedt
ISBN: 978-3-7526-0352-1

Inhalt

Kurzer Abriss

Die voranschreitende Technologie der modernen Gesellschaft bringt eine fortschreitende Entfremdung zur Natur mit sich. Trotz der Hochverfügbarkeit und Fülle an digitaler Information scheint es fraglich, ob digitale Medien geeignet sind, Naturinhalte zu transportieren. Aufgabe der Umweltbildung ist es daher, Wege und Methoden zu finden, Mensch und Natur einander anzunähern. Besonders jungen Menschen, deren Freizeitgestaltung sich vermehrt digitalisiert, soll Beachtung geschenkt werden.

Zur Darstellung gelangen ein historischer Überblick der Methoden und Ansätze der Umweltbildung sowie unterschiedliche Zielgruppen und Ursachen der Naturentfremdung.

Anhand diverser naturbezogener Studien sollen unterschiedliche Themengebiete wie zum Beispiel Wissen, Werte, Vorlieben, Interessen und Erfahrungen von Jugendlichen und Erwachsenen analysiert und verglichen werden. (vgl. BRÄMER, 2010) Vermehrt zeigt sich, dass junge Menschen häufig ein in hohem Maße lücken- und fehlerhaftes Wissen über alltägliche Naturerscheinungen aufweisen und dass das Interesse Jugendlicher an natürlichen Zusammenhängen kontinuierlich abnimmt. Mit dem Ziel dieser globalen Problematik entgegenzuwirken, gilt es, Perspektiven im

Hinblick auf Maßnahmen und Strategien zur Förderung,
der Naturverbundenheit aufzuzeigen, zu diskutieren und
zu evaluieren.

8

1 Einleitung

Ölkrise, Atommüll, saurer Regen, Gewässerverschmutzung, Rodung des Regenwaldes, Klimaerwärmung, Autoabgase, Landschaftsverbrauch, Reduktion der Artenvielfalt und Müllentsorgung sind Anlass genug, um auf die jüngeren Generationen in einer Weise pädagogisch einzuwirken, dass diese sich später einmal bewusster verhalten als es ihnen von ihrer Vorgängergeneration vorgelebt wurde. (vgl. RODE, 2001) Auf Grund dieser Anlässe, gewann die Umweltthematik ab Anfang der 1970er Jahre zunehmend an Relevanz im politischen Diskurs. Als Reaktion darauf nahm sich die Umweltbildung dieses Themas an, indem sie eine Fülle an Konzepten und einigen bedeutsamen Theorien entwickelte. (vgl. BOLSCHO & SEYBOLD, 1996) Die Umweltbildung thematisiert die Beziehung zwischen Mensch und Umwelt. Das Hauptaugenmerkt ist darauf gerichtet, den Menschen zu einem respektvollen Umgang mit der Natur und ihren natürlichen Ressourcen im Spannungsfeld von individuellen und gesellschaftlichen, sowie ökologischen und ökonomischen Interessen zu motivieren. Trotz all dem stellt sich die Frage nach den Gründen der vorherrschenden Naturentfremdung? (vgl. BUNDEMINISTERUM FÜR BILDUNG UND FRAUEN, 2014) Auch die Frage, welche Zielgruppe bei der angesprochen werden soll um der Umweltentfremdung am besten entgegenzuwirken ist in mehrfacher Hinsicht interessant. Kozar und Leuthold betonen, „daß nur eine genaue Vorstellung und Beschreibung der Zielgruppe(n) es erlaubt, effiziente Bildungsaktivitäten zu entwickeln". (KOZAR und LEUTHOLD, 1994, 20) Viele Studien über Naturentfremdung laufen darauf hinaus, dass junge Menschen erstaunlich wenig über alltägliche Naturerscheinungen wissen. Eine dieser Studien ist der „Jugendreport Natur" von der Universität Marburg mit dem Studienleiter Rainer Brämer. Ihren Anfang fand diese Studie vor rund zwei Jahrzehnten, als vom Fachbereich Erziehungswissenschaften der Universität Marburg junge Menschen nach ihrem subjektiven Verhältnis zur Natur befragt wurden. Diese Studien gaben Anlass für den ersten „Jugendreport Natur" des Jahres 1997, der mit seinen Befragungen zu Wissen und Werten sowie Vorlieben, Interessen und Erfahrungen zu erstaunlichen Ergebnissen kam. So spiegeln Begriffe wie „Die gelbe Ente" oder das „Bambi Syndrom" das Naturbewusstsein vieler Kinder und Jugendliche wider. (vgl. BRÄMER, 2010) Die Umweltbildung ist als Basis für ein eigeninitiatives, umweltfreundliches Handeln zu verstehen. Mit welchen Problemen der Weg dorthin verbunden ist, wird unter anderem mit Hilfe von Jürgen Rosts Artikel „Umweltbildung – Bildung für eine nachhaltige Entwicklung. Was macht den Unterschied?" erläutert. (vgl. ROST, 2002) Menschen müssen einen persönlichen Bezug zur Natur knüpfen um die Natur als erhaltenswertes

Gut anzusehen. Daher sind beispielsweise „Naturerfahrungsräume" für Kinder enorm wichtig. (vgl. ZUCCHI, 2002) Um Kindern eine breit gefächerte und zeitgemäß gestaltete Umweltbildung bieten zu können, setzt es neben den „Naturerfahrungsräumen" zahlreiche weitere Strategien voraus. (vgl. ZUCCHI & JUNKER 2000) Eine besondere Bedeutung kommt hier staatlichen und internationalen Programmen wie „ECO - Schools", „ÖKOLOG" und „ENSI" (vgl. FEE, Annual Report 2013) sowie diversen Umweltverbänden zu. Nicht zu vergessen ist, dass jeder Mensch auch als Privatperson zahlreiche Möglichkeiten hat, der Naturentfremdung der (eigenen) Kinder entgegenzuwirken. (vgl. ZUCCHI 2000)

1   Methode

1.1   Literaturrecherche und -auswertung

Zu Beginn dieser Arbeit wurde eine umfassende Literaturrecherche durchgeführt um einen ersten Eindruck der Thematik zu gewinnen und um sich im Anschluss mit der Thematik auseinanderzusetzen. Für die Arbeit wurde nur bereits publizierte Literatur verwendet, ebenso wurde auf analoge Quellen Wert gelegt. Quellen für die Literatur boten Monographien, Fachzeitschriften und Diplomarbeiten. Es wurde darauf geachtet möglichst aktuelle Literatur heranzuziehen. Wichtige Quellen, die einen essentiellen Anteil an der Arbeit haben, sind der „Jugendbericht Natur" der Universität Marburg, die Studien vom Bundesministerium für Umwelt, Naturschutz, Bau und Reaktorsicherheit und des Bundesamtes für Naturschutz, sowie Herbert Zucchi mit seinen zahlreichen Werken über Naturerfahrungsräume. Eine Übersicht aller verwendeten Quellenbefindet sich im Literaturverzeichnis.

2   Anfänge der Umweltbildung

Im Juni 1992 fand die Konferenz der Vereinten Nationen zu Umwelt und Entwicklung in Rio de Janeiro statt. Sie war wichtig dafür, dass relevante Umweltthemen in einem globalen Kontext diskutiert werden. Ab diesem Zeitpunkt wurde die Thematik der Umweltbildung und Naturentfremdung immer bedeutsamer und bekam einen enormen Auftrieb, der zugleich zu einer Neuausrichtung führte.

Hatten Umweltthemen bis 1992 den Fokus schwerpunktmäßig auf ökologische Themenfelder gerichtet, berücksichtigten sie ab diesem Zeitpunkt verstärkt ökonomische und soziale Implikationen des Mensch-Natur-Verhältnisses.

Die Idee einer „nachhaltigen Entwicklung" wurde zu einem bedeutenden Ausgangspunkt von sowohl konzeptionellen als auch empirischen Arbeiten in der

Umweltbildung. (vgl. Bundesministerium für Umwelt, Naturschutz und Reaktorsicherheit (BMUB), o.J.)

Was genau von der Gesellschaft unter dem Begriff nachhaltiger Entwicklung verstanden werden soll, wird in der Rio-Deklaration im Grundsatz 3 formuliert: „Das Recht auf Entwicklung muss so erfüllt werden, dass den Entwicklungs- und Umweltbedürfnissen heutiger und zukünftiger Generationen in gerechter Weise entsprochen wird". (REPORT OF THE UNITED NATIONS CONFERENCE ON THE HUMAN ENVIRONMENT, 1972, Grundsatz 3)

In der Agenda 21, ein entwicklungs- und umweltpolitisches Aktionsprogramm für das 21. Jahrhundert, beschlossen auf der Konferenz für Umwelt und Entwicklung der Vereinten Nationen (UNCED), findet sich ein Kapitel, in welchem die Bedeutung von Erziehung und Bildung für eine nachhaltige Entwicklung explizit angesprochen wird. Der folgende fundamentale Satz ist in Kapitel 36 zu lesen: „Bildung ist eine unerlässliche Voraussetzung für die Förderung einer nachhaltigen Entwicklung und die Verbesserung der Fähigkeit der Menschen, sich mit Umwelt- und Entwicklungsfragen auseinanderzusetzen." Daher war schon zu Beginn klar, dass eine Realisierung der Leitidee „Nachhaltige Entwicklung" zwingend mit pädagogischen Bemühungen korreliert. Denn ohne Bildung wäre keine nachhaltige Entwicklung denkbar.

Ebenso ist die Bildung unabdingbar für die Ausformulierung und die Entwicklung der Umweltbildung.

Aus der Umweltbildung entwickelte sich sehr schnell die „Bildung für nachhaltige Entwicklung" (BNE) bzw. „Bildung für Nachhaltigkeit" (Education for/on Sustainable Development oder Sustainable Education).

Die Bedeutung, die der Bildung für nachhaltige Entwicklung zugesprochen wird, zeigt sich auch durch die Aufnahme einer Empfehlung des Weltgipfels für Nachhaltige Entwicklung in Johannesburg (2002), wo die Vollversammlung der Vereinten Nationen (UN) mit Beschluss vom 20. Dezember 2002 die Jahre 2005 bis 2014 zur Weltdekade der Bildung für Nachhaltigkeit erklärt hat. Damit soll signalisiert werden, dass Bildung und Lernprozesse die treibenden Kräfte für Veränderungen und damit die Grundlage für die Annäherung an eine nachhaltige Entwicklung sind. (vgl. NATIONALER AKTIONSPLAN, 2005) Wichtig war auch zu entscheiden, welche Zielgruppen mit dieser Bildung für nachhaltige Entwicklung angesprochen werden sollen und was die geeignetsten Methoden dafür sind, dies umzusetzen.

3 Zielgruppen der Umweltbildung

Die Frage, welche Zielgruppe mit Umweltbildung angesprochen werden soll, ist in mehrfacher Hinsicht interessant. Kozar und Leuthold betonen, „daß nur eine genaue Vorstellung und Beschreibung der Zielgruppe(n) es erlaubt, effiziente Bildungsaktivitäten zu entwickeln". (KOZAR und LEUTHOLD, 1994, 20) Selbstverständlich muss ein Programm für Kleinkinder anders entwickelt werden als ein Programm für Erwachsene.

Prinzipiell können die Zielgruppen grob unterteilt werden in Kinder, pubertierende Jugendliche, Erwachsene und Senioren. Weitere feinere Unterscheidungskriterien bilden zum Beispiel der lokale Kontext, Berufsprofil, soziale „Rolle", Sprache, Behinderung, Grad der Motivation und Elternrolle.

Die am häufigsten angesprochenen Zielgruppen sind Studierende, Schulkinder, Selbstständige oder Angestellte. Es gibt Analysen darüber, dass einzelne Bevölkerungsschichten kaum von Umweltbildungs- angeboten erfasst werden. Hier wäre es sinnvoll jene Lücken zu finden, zu überdenken und alternative Angebotsstrukturen zu entwickeln.

Zu jenen Lücken zählen Arbeitslose, Hausfrauen und -männer, sowie ArbeitnehmerInnen. Eltern stellen eine Zielgruppe dar, die interessanterweise von den

Organisationen kaum erwähnt werden, obwohl die Vermutung naheliegt, dass gerade Menschen mit Kindern in höherem Maße für Umweltthemen sensibilisiert werden könnten als Menschen ohne Kinder. (vgl. FLIEGENSCHNEE und SCHELAKOVSKY, 1998) In Kapitel 4.2 zeigt eine Studie des Bundesministeriums für Umwelt, Naturschutz, Bau und Reaktorsicherheit, dass es 89% der Befragte wichtig ist, ihren Kindern Natur nahe zu bringen.

Da die Zukunft der Menschheit entscheidend von einem nachhaltigen Umgang mit unseren natürlichen Ressourcen abhängt, wird schon seit langem eine „Erziehung zur Nachhaltigkeit" propagiert. Der Spruch „Kinder sind die Zukunft", bedeutet, dass die Zielgruppe der Kinder und Jugendlichen eine wichtige Rolle darstellt. Im nächsten Kapitel wird die Naturentfremdung dieser Zielgruppe genauer eruiert.

3.1   Naturentfremdung von Jugendlichen nach Brämer

Viele Studien über Naturentfremdung laufen darauf hinaus, dass junge Menschen erstaunlich wenig über alltägliche Naturerscheinungen wissen.
Eine dieser Studien ist der „Jugendreport Natur" von der Universität Marburg mit dem Studienleiter Rainer Brämer. Ihren Anfang fand diese Studie vor rund zwei Jahrzehnten, als vom Fachbereich

Erziehungswissenschaften der Universität Marburg junge Menschen nach ihrem subjektiven Verhältnis zur Natur befragt wurden. Anfangs waren es hauptsächlich seminaristische Studien, welche einen hohen Grad an Naturentfremdung bei Jugendlichen aufzeigten. Diese Studien gaben Anlass für den ersten „Jugendreport Natur" des Jahres 1997, der seit dem fünf Nachfolger fand. Der letzte Jugendreport erschien 2010. Insgesamt wurden um die 15.000 SchülerInnen zwischen 14 und 18 Jahren mit 750 naturbezogenen Fragen zu Wissen und Werten sowie Vorlieben, Interessen und Erfahrungen konfrontiert. (vgl. BRÄMER, 2010)

Für den aktuellen „Jugendreport Natur 2010" wurden von Februar bis Mai 2010 erneut über 3.000 Sechst- und NeuntklässlerInnen aller Schulformen aus sechs Bundesländern (DEUTSCHLNAD mit über 150 Fragen konfrontiert. Die im Folgenden vorgestellten Teilergebnisse legen eine erschreckende Naturvergessenheit nahe. Begleitende Umfragen Marburger Studierender haben indes ähnliche Tendenzen auch unter Erwachsenen erkennen lassen. Ergebnisse zu Naturentfremdung von Erwachsenen werden in Kapitel 4.3 erläutert. (vgl. BRÄMER, 2010)

Einige Schwerpunkte des „Jugendreports Natur" sind unter den Stichwörtern „Gelbe Ente", „Bambi Syndrom" oder „Lila Kuh" bekannt.

3.1.1 Die „Gelbe Ente"

Junge Menschen weisen häufig ein in hohem Maße lücken- und fehlerhaftes Wissen über alltägliche Naturerscheinungen auf. Folgende Studien ergeben, dass das Interesse Jugendlicher an natürlichen Zusammenhängen kontinuierlich abnimmt.

Die Studie von Brämer zeigt den Prozentsatz von Kindern die glauben, dass Enten gelb sind. Gründe für derart falsche Annahmen sind häufig der Einfluss von Medien, die fehlende Naturerfahrung oder realitätsferne, verniedlichende Kinderbücher.

Als Beispiel sei hier die bekannte Kinderserie „Alfred Jodocus Kwak" genannt. Nicht nur das Entenkind trägt ein gelbes Federkleid, sondern auch die ausgewachsenen Eltern. Bei derartigen Medieneinflüssen geht deutlich hervor, wo die Wurzel des Problems häufig liegt.

Folgende Tabelle zeigt den Anteil an Kinder die glauben, dass Enten gelb sind.

Anteil Kinder die glauben, dass Enten gelb sind.		
Werner Brämer, Jugendreport Natur 2003		
"Gelbe Ente"	**1997**	**2003**
Klasse 9	6%	5%
Klasse 6	7%	16%
Klasse 5	16%	
Klasse 3	50%	
Klasse 1	70%	

Tabelle 1 (Brämer, Jugendreport Natur, 2003, S. 9)

Die Studie ergab, dass der Gelbanteil bei Kindern umso größer wurde, je jünger sie waren. In der ersten Klasse waren fast drei Viertel überzeugt, dass Enten gelb sind. In der Tabelle 1 ist außerdem gut zu erkennen, dass die Naturentfremdung sich mit dem Alter immer weiter nach hinten verschiebt. (vgl. BRÄMER, 2003) Ursache dafür könnte sein, dass ältere Kinder ein höheres Maß an eigenständiger Reflexion aufweisen und sich nicht mehr zu Gänze von den Medien beeinflussen lassen.

Der Vergleich zwischen den Jahren 1997 und 2003 zeigt eindeutig, dass die Naturentfremdung mit dem Fortschreiten der Zeit steigt.

3.1.2   Das „Bambi-Syndrom"

Das Bambi-Syndrom bezeichnet eine Einstellung vom Menschen zur Natur, bei der diese moralisiert und infantilisiert wird. Charakteristisch für das Bambi – Syndrom ist der Gegensatz, dass die Natur generell als gut und alles menschgemachte wie Technik oder Zivilisation, als schlecht angesehen wird.

Jugendliche wurden im Rahmen des „Jugendreport Natur" ausgehend von der Universität Marburg auch über Themen wie Bäume fällen, oder das Verringern des Wildtierbestanden befragt. Hierbei kam man zu Ergebnissen, die den verzerrten Blick der Menschen auf die Natur verdeutlichen. Denn explizit auf diese Thematik angesprochen, messen Jugendliche der Natur einen hohen Wert zu. Die Natur erscheint ihnen immens wichtig, gut, schön und harmonisch, aber auch verletzlich, bedroht und hilfsbedürftig.

Die Jugendlichen setzen sich dafür ein, die Natur schützen und sauber halten zu wollen. Tiere jagen oder Bäume fällen schadet aus ihrer Sicht der Natur (Tabelle 2). (vgl. BRÄMER, 2010)

Wie weit die Naturentfremdung junger Menschen bereits vorangeschritten ist, dokumentiert die Studie in Tabelle 2. Auf den ersten Blick zeigt sie eine außergewöhnlich große Hochschätzung von Natur und Naturschutz (96% finden Bäume pflanzen wichtig). Der zweite Blick belegt aber, dass damit ein auffälliger Hang zur Verniedlichung verbunden ist (Nur 52% finden es wichtig den Wildbestand zu verringern), das „Bambi-Syndrom". (vgl. STAMPF 2000) Die Studie zeigt, dass Jugendliche nicht wissen, wie eine naturnahe, ökologische Waldbewirtschaftung funktioniert und gehen daher von gänzlich falschen Standpunkten aus.

Was Jugendliche nützlich oder schädlich finden:

Holz zu fällen oder den Wildbestand zu verringern stößt auf immer weniger Verständnis		
Werne Brämer, Jugendreport Natur 2003		
Das finden Jugendliche wichtig oder nützlich	**1997**	**2003**
Bäume pflanzen	96%	90%
Den Wald sauber halten	91%	96%
Totholz wegräumen	53%	47%
Verbotsschilder	80%	70%
Noch mehr Wald sperren	53%	47%
Das finden Jugendliche schädlich	**1997**	**2003**
Holz fällen	71%	73%

Tabelle 2 (Brämer, Jugendreport Natur, 2003, S. 35)

3.1.3 Der „Bambi-Effekt"

Der Begriff Bambi-Effekt hat unabhängig vom Bambi-Syndrom eine ganz eigene Bedeutung. Beim Bambi-Effekt wird die Tötung von niedlich oder besonders ästhetisch aussehenden Tieren (z.B. mit dem Kindchenschema) abgelehnt. Während man Tieren gegenüber, die dieses Merkmale weniger zeigen, eher gleichgültig ist, auch wenn diese eventuell gefährdet sind. Der Artenschutz nutzt dies, indem er Tiere die als ästhetisch oder niedlich empfunden werden, als Symboltiere verwendet. (vgl. BRÄMER, 1997)

3.1.4   Der Bambi-Irrtum

Der Bambi-Irrtum ist eine besonders im deutschen Sprachraum verbreitete Meinung, das Reh sei ein weiblicher Hirsch. In einer Forsa-Umfrage waren nicht weniger als 62% der befragten 7-13jährigen Kinder dieser Ansicht.   Verantwortlich für diesen Irrtum ist der Disney-Film "Bambi". Felix Saltens Geschichte "Bambi - Eine Lebensgeschichte aus dem Walde" handelt von Rehen, die jedoch in Nordamerika nicht vorkommen. Daher adaptierte Disney die Geschichte auf den in Nordamerika heimischen Weißwedel-Hirsch. In der deutschen Übersetzung werden Bambi und seine Mutter als Rehe bezeichnet, sein Vater aber als Hirsch. Korrekt wäre die Bezeichnung Hirschkuh und Hirschkalb gewesen. (vgl. CARTMILL, 1995)

Die genannten Beispiele zeigen deutlich welchen enormen Einfluss die Medien auf das Naturverständnis von Kindern und Jugendlichen haben. Da die Einflüsse aber vielfältig sind, ist es wichtig zu wissen, was Jugendliche heutzutage beschäftigt und welchen Themen und Gebieten sie ihre Zeit und Aufmerksamkeit widmen. Daher wird im nächsten Kapitel 4.2 exakt diese Thematik eruiert.

3.1.5 Zeitmanagement von Jugendlichen

Um die Bedeutung von Interaktionen mit der Natur für Jugendliche des beginnenden 21. Jahrhunderts adäquat bewerten zu können, bedarf es einer annähernd genauen Erkenntnis der Aktivitäten, die heutzutage den jugendlichen Alltag bestimmen. Aus den Fragenbögen der Universität Marburg aus dem Jahre 2006, welche die Themen Vorlieben, Erfahrung, Einstellung und Zeiteinteilung von Jugendlichen thematisiert, gehen folgende Ergebnisse heraus (Tabelle 3: BRÄMER, 2006) Der Fernsehkonsum des Nachwuchses stagniert bei etwa 90 Minuten. Jeder Zweite verfügt über ein eigenes Gerät im Zimmer. Hinzu kommen Computer und computerähnliche Spielekonsolen, die derzeit mit einem ungeheuren Aufwand (und Erfolg) in den jungen Markt gerückt werden. Besonders angetan haben es jungen Menschen in aller Welt die über schnelle Internetverbindungen inszenierten Onlinespiele. Da man am fiktionalen Mediengeschehen nur sitzend teilnehmen kann, hat die junge Generation ihre körperlichen Aktivitäten in einem Maße reduziert, das Sportlehrer und Mediziner warnend den Finger erheben lässt. Abgesehen von der Wiederholung einseitiger Bewegungsabläufe im Rahmen sportlichen Trainings, reduziert sich der spontane Bewegungsumfang junger Menschen auf kaum mehr als eine Stunde täglich. (BRÄMER, 2006)

Bei der Interpretation der Ergebnisse ist allerdings die Schwierigkeit für die Befragten zu berücksichtigen, den eigenen Zeitvertreib im Sinne des Durchschnittswertes abzuschätzen. Die Summe aller Durchschnittszeiten (874 Minuten, vierzehneinhalb Stunden) lässt den Eindruck erwecken, dass die Selbsteinschätzung annähernd realistisch war. Beachten muss man auch, dass sich diverse Aktivitäten wie etwa „Freunde treffen", „Musik hören" oder „Schulweg" überschneiden. Die dritte Spalte (Der Durchschnitt aller Jugendliche (in Minuten)) bezieht auch diejenigen mit ein, die "null" Minuten pro Tag dafür verwenden einer bestimmten Tätigkeit nachzugehen. Die zweite Spalte (% üben diese Tätigkeit aus) zeigt den Prozentsatz der Jugendlichen, die diese Tätigkeit tatsächlich ausüben und die erste Spalte (der Durchschnitt derer, die diese Tätigkeit tatsächlich ausüben (in Minuten)) beinhaltet die Summe der Minuten nur von den Jugendlichen, die diese Tätigkeit tatsächlich ausüben.

So besagt beispielsweise eine Aktivitätsquote von 64 % beim Radeln, dass sich 36 % normalerweise überhaupt nicht des Rades bedienen. Bei den 64% lässt sich eine Radfahrzeit von 49 Minuten (dritte Spalte) berechnen, was bedeutet, dass die RadlerInnen unter den Jugendlichen im Durchschnitt (auf 100% Jugendliche gerechnet) 31 Minuten täglich auf ihrem Fahrrad verbringen (erste Spalte). (vgl. BRÄMER, 2006)

Zeitmanagement von Jugendlichen

Durchschnittlicher Zeitbedarf Jugendlicher pro Tag		
Werne Brämer, Jugendreport Natur 2006		
Aktivität	Der Durchschnitt aller Jugendliche (in Minuten)	% üben diese Tätigkeit aus	Der Durchschnitt derer, die diese Tätigkeit tatsächlich ausüben (in Minuten)
Freunde treffen	179	96	186
Telefonieren	30	82	33
Fernsehen	93	86	97
Internet	47	70	67
PC-Spiele	45	69	65
Musik hören	99	94	105
Musik machen	15	29	52
Persönliches Hobby	91	90	101
Sport	73	92	79
Radeln	**31**	**64**	**49**
Schulweg	23	98	23
Spazieren	18	48	37
Hausaufgaben	56	98	57
Lesen	26	86	42
Einkaufen	24	61	39

Tabelle 3 (Brämer, Jugendreport Natur 2006, S. 15)

3.2 Naturentfremdung von Jugendlichen nach Jelle Boeve-de Pauw

Jelle Boeve-de Pauw ist ein Professor der Universität in Antwerpen, der seinen Doktor in Erziehungs-wissenschaften machte. Er hat 2011 in seinem Werk „Valuing the invaluable – Effects of individual, school and cultural factors on the environmental values of children" ebenfalls Studien zum Thema Naturentfremdung bei Kindern und Jugendlichen durchgeführt.

Im 3. Kapitel „Do schools make a difference in their students´environmental attitudes and awareness? Evidence from PISA 2006" behandelt er folgende Fragen: (a) Welche Eigenschaften von SchülerInnen weisen auf eine naturfreundliche Einstellung und Bewusstsein für Umwelt hin? (b) Haben unterschiedliche Schulen, unterschiedliche Auswirkungen im Hinblick auf naturfreundliche Einstellung und Bewusstsein für Umwelt der SchülerInnen? (c) Welche Auswirkungen hat ein unterschiedlicher Stand an naturwissenschaftlichem Wissen?

In seiner Studie wurden 4999 SchülerInnen aus 156 Schulen befragt. Das Ergebnis war, dass folgende Punkte wie, das Geschlecht, der Einwanderung Status, der sozialwirtschaftliche Status und der bisherige Ausbildungsweg wichtig sind um zu erklären, wieso SchülerInnen eine bestimmte Einstellung zur Umwelt haben. Genauer betrachtet zeigten die Ergebnisse, dass auch die Schulen eine enorm wichtige Rolle spielten. Schulen in denen mehr über Themen wie Nachhaltigkeit und Umweltbewusstsein unterreichtet wurde, haben SchülerInnen die der Umwelt gegenüber positiver und bewusster eingestellt sind.

Die soziodemographischen Ergebnisse ergaben, dass weibliche Schülerinnen, die aus gut situierten Familien stammen, Personen mit einem höheren Bildungsgrad, politisch liberal Eingestellte und Menschen, die am selben Ort aufwuchsen, wo zumindest einer ihrer Elternteile geboren wurde, ebenfalls Tendenzen zu einer umweltfreundlicheren, bewussteren Einstellung zeigen. (vgl. Jelle Boeve-de Pauw, 2011)

Jedoch weist Jelle Boeve-de Pauw darauf hin, dass diese Stereotypen nicht vorschnell angenommen werden dürfen. Da zum Beispiel „Eagles und Demare" bei einer ähnlichen Studie im Jahre 1999 keine geschlechterspezifischen Unterschiede fanden.

3.3   Naturentfremdung von Erwachsenen

Die Daten der beiden folgenden Studien „Studie über die Bedeutung von Natur" und „Persönliche Bedeutung von Natur nach soziodemographischen Merkmalen" schließen nun auch erwachsene Personen mit ein und stammen aus der Naturbewusstseinsstudie 2011 des Bundesministeriums für Umwelt, Naturschutz, Bau und Reaktorsicherheit und des Bundesamtes für Naturschutz.

Alle zwei Jahre werden umfassende Informationen zu Wissen, Einstellungen und Verhaltensbereitschaften der deutschen Bevölkerung hinsichtlich Natur, Naturschutz und biologischer Vielfalt in einer repräsentativen Umfrage erhoben, um diese der interessierten Öffentlichkeit, der Forschung sowie den nationalen Naturschutzakteuren in Politik und Praxis zur Verfügung zu stellen. Drei wichtige Zukunftsthemen, die von der Naturbewusstseinsstudie 2011 erfasst werden, sind Gebiete „Energiewende", „Naturverträglicher Konsum" und „Biologische Vielfalt". Das Thema „Biologische Vielfalt" liefert die Daten zur Berechnung des Indikators „Bewusstsein für biologische Vielfalt". Für den Indikator werden Teilindikatoren zu Wissen, Einstellung und Handlungsbereitschaft verrechnet. (vgl. BMBU, 2011)

3.3.1 Persönliche Bedeutung von Natur

Folgende Zahlen zeigen auf, welchen Bezug Erwachsene zur Natur haben. 92 % der deutschen Bevölkerung sind der Meinung, dass die Natur zu einem guten Leben dazu gehört.

Ebenfalls spielt die Natur bei der Kindererziehung eine große Rolle, denn 89 % der Befragten ist es wichtig, ihren Kindern Natur nahe zu bringen.

Lediglich 8 % behaupten, die Natur sei ihnen fremd, immerhin 22 % interessieren sich nicht für Natur. Auch wenn dies eher eine Minderheitenposition ist, könnte es aufschlussreich sein, einmal näher über die Erscheinungsformen und Gründe der Naturfremdheit und des Desinteresses an Natur nachzuforschen. Festzuhalten bleibt, dass die grundsätzliche Wertschätzung von Natur in der Bevölkerung weit verbreitet ist.

85 % der Deutschen macht es glücklich, in der Natur zu sein. Nur 12 % fühlen sich in der Natur nicht wohl. 81 % der deutschen Bevölkerung fühlt sich mit Natur und Landschaft in der eigenen Region verbunden. Im Vergleich zu diesen sehr hohen Werten sind es mit 75 % etwas weniger, die versuchen, so oft wie möglich in der Natur zu sein. Dem Anschein nach gibt es einen beträchtlichen Teil an Personen, die der Aufenthalt in der Natur zwar glücklich macht und Natur als Bestandteil eines guten Lebens sieht, jedoch aber nicht versucht, sich dort auch möglichst lange aufzuhalten. Wahrscheinlich ist, dass Natur von diesen Personen zwar geschätzt wird, sie aber anderen Lebensbereichen wie zum Beispiel Beruf, Familie, Freunde oder Unterhaltungsmedien einen höheren Wert beimessen. Auch stellt sich die Frage der

konkreten Zugänglichkeit von Natur, bei der auch der vertretbarer Zeitaufwand sowie die alters- oder krankheitsbedingte Beweglichkeit, eine große Rolle spielt. (vgl. BMBU, 2011)

3.3.2 Persönliche Bedeutung von Natur nach soziodemographischen Merkmalen

Die Ergebnisse, welche in der Tabelle 4 zusammengefasst sind, beziehen die soziodemographischen Merkmale der Befragten mit ein. Es wurde unterschieden zwischen männlich, weiblich, sowie Bildungsgrad und Alter (bis 29 Jahre, zwischen 30 Jahren und 49 Jahren, zwischen 50 Jahren und 65 Jahren und über 65 Jahren).

Generell lässt sich sagen, dass Frauen Natur wichtiger ist und sie diese positiver betrachten als Männer. Beispielsweise stimmen 56 % der Frauen, aber nur 49 % der Männer der Aussage voll und ganz zu, dass die Natur für sie Gesundheit und Erholung bedeutet. Menschen mit höherer Bildung zeigen bei fast allen Fragen eine größere Affinität zur Natur als Menschen mit mittlerem oder einfachem Bildungsstand. Ebenfalls ist festzustellen, je älter der oder die Befragte ist, desto wichtiger ist ihnen die Natur (Tabelle 4).

Eine Ausnahme bildet die Verbundenheit mit Natur und Landschaft in der „eigenen Region": Sie ist bei Männern und Frauen ähnlich stark ausgeprägt und liegt bei rund einem Drittel. Betrachtet man das Bildungsniveau bei dieser Fragestellung genauer, dann erkennt man, dass nicht die Gutgebildeten überrepräsentiert sind, sondern Personen mit einem mittleren Bildungsgrad. Menschen mit einem höheren Bildungsstand sind insgesamt mobiler und müssen häufiger umziehen, was zu einer geringeren Verbundenheit mit Natur und Landschaft in der **„eigenen Region"** führt.

Demographische Studie über Naturbewusstsein bezogen auf das Geschlecht und die Bildung

Antwortkateg orie: trifft voll und ganz zu Angaben in %	Durc h-schni tt	Geschlecht		Bildung		
		M	W	niedrig	mittel	hoch
Zu einem guten Leben gehört die Natur dazu	56	52	60	51	55	66
Natur bedeutet für mich Gesundheit und Erholung	53	**49**	**56**	49	52	61
An der Natur schätze ich die Vielfalt	52	50	55	45	54	64
In einer Erziehung ist oder wäre es mir wichtig, meinen Kindern Natur nahe zu bringen	52	48	55	45	53	63
Es macht mich glücklich, in der Natur zu sein	41	36	45	35	42	48

Ich fühle mich mit der Natur und Landschaft in meiner Region verbunden	36	35	37	32	39	39
Ich versuche so oft wie möglich in der Natur zu sein	31	27	35	28	33	36
Ich interessiere mich für das Thema Natur	6	6	7	7	7	5
In der Natur fühle ich mich nicht wohl	5	5	6	5	7	5
Natur ist für mich etwas Fremdes.	2	1	2	2	1	1

Tabelle 4 (BMUB, Studie über Bedeutung von Natur, 2011, S. 50)

Demographische Studie über Naturbewusstsein bezogen auf das Alter

Antwortkategorie: trifft voll und ganz zu Angaben in %	Alter (Jahre)			
	bis 29	30 bis 49	50 bis 65	über 65
Zu einem guten Leben gehört die Natur dazu	50	54	57	62
Natur bedeutet für mich Gesundheit und Erholung	43	52	52	62
An der Natur schätze ich die Vielfalt	46	51	55	55
In einer Erziehung ist oder wäre es mir wichtig, meinen Kindern Natur nahe zu bringen	49	51	51	56
Es macht mich glücklich, in der Natur zu sein	32	38	44	46
Ich fühle mich mit der Natur und Landschaft in meiner Region verbunden	26	30	42	45
Ich versuche so oft wie möglich in der Natur zu sein	20	30	33	38
Ich interessiere mich für das Thema Natur	7	5	7	7
In der Natur fühle ich mich nicht wohl	3	5	7	7
Natur ist für mich etwas Fremdes.	2	2	1	2

Tabelle 4a (BMUB, Studie über Bedeutung von Natur, 2011, S. 50)

4 Probleme der Umweltbildung

Die Probleme der Umweltbildung sind weitgefächert und häufig nicht einfach zu lösen. Aus den folgenden Problematiken geht hervor, dass Eigeninitiative ein wichtiger Aspekt für die nachhaltige Entwicklung ist. Umweltbildung ist unabdingbar dafür, dass das Menschen lernen eigeninitiativ nachhaltig zu handeln. Wieso der Weg dorthin oft schwierig ist, erläutern die folgenden Punkte.

4.1.1 Motivierung zum richtigen Handeln

Ölkrise, Atommüll, saurer Regen, Gewässerverschmutzung, Rodung des Regenwaldes, Autoabgase, Landschaftsverbrauch, Reduktion der Artenvielfalt und Müllentsorgung sind Anlass genug, auf die jüngeren Generationen in einer Weise pädagogisch einzuwirken, dass sie sich später einmal bewusster verhalten als es ihnen von ihrer Vorgängergeneration vorgelebt wurde. Der Unterrichtserfolg der Umweltbildung sollte daran gemessen werden, in welchem Ausmaß die SchülerInnen ihr eigenes Handeln verändern, sich umweltbewusst verhalten und aus ihrem Wissen die vermeintlich zwingenden Konsequenzen für ihr eigenes Tun ziehen. (vgl. RODE, 2001)

Dutzende von empirischen Studien zur Wirkung von Umweltbildung belegen, dass zwar das Umweltbewusstsein und das Wissen über Natur infolge von Unterricht steigt, sich das Verhalten und Handeln der SchülerInnen aber nicht im großen Ausmaß ändert. Somit ist ein derartiges pädagogisches Konzept zum Scheitern verurteilt. Als ein erstes Problem, das die Umweltbildung nicht wirklich lösen konnte, kann die Motivierung der SchülerInnen zum „richtigen Handeln" gelten. „Richtiges Handeln" impliziert ein auf die Natur gerichtetes umweltbewusstes Handeln, das einen nachhaltigen Umgang mit der Natur zur Folge hat. (vgl. ROST 2002)

4.1.2   Umgang mit Komplexität

Für Menschen ist es schwierig sich in komplexe, sich entwickelnde Systeme zu denken. Ökologische Systeme sind etwa solche Systeme, die es in einem stabilen Gleichgewicht zu halten gilt. Bei solchen Beispielen zeigt sich, in wie weit Menschen fähig sind, ökologische Systeme und deren Komplexität zu verstehen.
Der Versuch Kindern derart komplexe Systeme spielerisch am Computer beizubringen, erwies sich als nicht sinnvoll. Kinder müssen die Erfahrung machen, dass sie nicht mit einer Allmacht ausgestattet sind, jegliche Entscheidungen in komplexen Systemen zu treffen. Als praxisbezogenes

Beispiel kann hier genannt werden, dass man beispielsweise mit seinem Konsumverhalten in bestimmte Systeme eingreifen kann, hier jedoch sehr eingeschränkt ist. Kaufe ich chlorgebleichtes oder naturbelassenes Papier?

Das Denken in komplexen Systemen ist ein zentrales Ziel der Umweltbildung.

Nur innerhalb eines dynamischen Systems kann man ökologische Gleich- oder Ungleichgewichte wie zum Beispiel das Umkippen einen Sees, die Funktionsweise einer Population oder das Aussterben einer Art verstehen. Hier gilt es zu beurteilen, welche Fähigkeiten einE SchülerInnen haben muss, um sich in einer komplexen Welt zurechtzufinden. (vgl. ROST, 2002)

4.1.3 Erziehung von Werten

„Man schützt nur was man liebt und man liebt nur was man kennt." (LORENZ, o.J.) So lautet ein weit bekannter Spruch, nicht nur für UmweltschützerInnen.

Diese Aussage impliziert die Relevanz einer größeren Formen- und Artenkenntnis. Die Naturerfahrung kann zu einem schonenden Umgang mit der Natur verhelfen. (vgl. LUDE, 2001)

Die SchülerInnen sind es, die die Natur als erhaltenswert schätzen lernen müssen und die LehrerInnen sind es, die ein Stück Werterziehung zu leisten haben.

Aber wie lehrt man Werte im Unterricht? Nicht alles, was man besser kennt, liebt man deswegen mehr. Auch wenn die SchülerInnenschaft die Natur als wertvolles Gut ansieht, so hat genau diese Altersgruppe meist ganz andere Prioritäten und eine Menge anderer Werte in ihren Köpfen, mit denen die Umwelt konkurrieren muss. (vgl. ROST, 2002)

4.1.4 Umgang mit mehrwertigen Entscheidungssituationen

Aus dem zweiten und dritten Problem, dem richtigen Umgang mit Komplexität und der Werthaltung, ergibt sich als viertes Problem die Frage, wie man in einer komplexen Situation entscheidet, wenn sehr viele unterschiedliche Wertvorstellungen miteinander konkurrieren. Als Beispiel sei der Widerspruch zwischen Ökologie und Ökonomie genannt. Arbeitsplätze versus saubere Luft, Lebensqualität kontra Artenvielfalt. Doch gibt es auch hier Beispiele für Vereinigung von sich zwei konkurrierenden Systemen. Lebensqualität muss nicht im Widerspruch zur Natur stehen. Das Problem liegt eher darin, dass es Situationen gibt, in denen sehr viel mehr Wertvorstellungen miteinander konkurrieren und bei einem Entscheidungsprozess gleichzeitig berücksichtigt werden müssen. (vgl. ROST, 2002)

Nicht nur für Schülerinnen sind derartige mehrwertige Entscheidungssituationen schwierig. Vor allem, wo der Schutz der Umwelt nicht mehr ein klar definiertes Entscheidungskriterium darstellt, das man mehr oder weniger berücksichtigen kann. Bei vielen umweltrelevanten Entscheidungen sind mehrere Werte gegeneinander abzuwägen, von denen oft nicht einmal feststeht, ob sie für oder gegen Umweltschutz sind, wie zum Beispiel der Begriff der Landschaftsästhetik. (vgl. ROST, 2002)

4.1.5   Fortschritt ist häufig ein Rückschritt

Die Erhaltung einer intakten Umwelt ist immer konservativ und damit rückwärts orientiert. Bestehendes muss erhalten und Verlorenes wieder hergestellt werden. Umweltschutz bedeutet häufig Entschleunigung, Stillstand und Bewahrung des aktuellen oder eigentlichen Zustandes beziehungsweise ein Entgegenwirken des technologischen, ökonomischen Fortschrittes. Jede Erneuerung kann potentiell gefährlich, jeder Fortschritt ein Rückschritt der Natur sein.

Eine positive Zielvision ist ein wertschätzender Umgang mit der Natur sowie ein Leben im Einklang und in Harmonie mit dieser. Die Frage ist, ob sich solche Zielvisionen überhaupt noch gegenüber den Anforderungen des

Informationszeitalters, der rapiden Beschleunigung technologischer Entwicklungen oder Globalisierungstendenzen behaupten können. (vgl. HORNSTEIN, 2001)

Nach welchen Zielkriterien wählt die Umweltbildung Inhalte aus, die den SchülerInnen mit auf den Lebensweg gegeben werden? Nach wie vor werden massive Bedrohungen unserer globalen Lebensgrundlage von vielen Industrienationen verleugnet, was zeigt, dass diese ganz und gar nicht mit einem nachhaltigen Bildungskonzept kompatibel sind. (vgl. ROST, 2002)

4.1.6 Wissen und Kompetenzorientierung

Aus der Pisa Studie am Jahre 2012 geht hervor, dass die österreichischen SchülerInnen im Bereich Naturwissenschaften im Mittel 506 Punkte erreichten. Damit liegen sie im Bereich des OECD-Schnittes von 501 Punkten. Innerhalb der 34 OECD-Länder liegt Österreich damit auf Platz 16. (BILDUNGSFORSCHUNG, INNOVATION & ENTWICKLUNG DES ÖSTERREICHISCHEN SCHULWESENS, 2013)

Die Umweltbildung hat in unzähligen empirischen Studien festgestellt, dass Wissen alleine nicht reicht um SchülerInnen zu einem bewussteren Handeln zu bewegen. Es ist wichtig eigene Naturerfahrungen zu machen und durch den persönlichen Bezug den Wert der Umwelt zu erkennen. (vgl. ROST, 2002)

Welche Strategien und Möglichkeiten es neben den eigenen „Naturerfahrungen" gibt um der Naturentfremdung entgegen zu wirken, wird im folgenden Kapitel beschrieben.

5 Strategien der Umweltbildung der Naturentfremdung entgegen zu wirken

Es gibt vielfältige Strategien um der Naturentfremdung entgegen zu wirken. Diese reichen von internationalen und nationalen Programmen wie „Eco - School" bis hin zur Schaffung von Naturerfahrungsräumen, in welchen Kinder ihren Drang nach Entdeckung und Abenteuer ausleben können. Nicht zu vergessen ist die persönliche Verantwortlichkeit der Naturentfremdung entgegen zu wirken. In diesem Kapitel werden einige solcher Beispiele aufgezeigt.

5.1   Eco School

Eco School ist ein internationales Programm von der FEE (Foundation for Environmental Education), einer Stiftung für Umwelterziehung, das darauf abzielt, ökologische Anliegen im Schulalltag, Umweltbildung und somit eine bewusste Auseinandersetzung mit Aspekten des Umweltschutzes und des Nachhaltigkeitsgedankens zu fördern. 1992 fand die richtungsweisende UN-Konferenz der Vereinten Nationen über Umwelt und Entwicklung statt bis anschließend im Jahre 1994 die FFE das

Programm „Eco School" gestartet hat. (vgl. FEE, Annual Report 2013)

Eco-Schools sind nach einem bestimmten System aufgebaut, jede teilnehmende Schule befolgt folgende Stufensysteme:

1. Gründung eines Eco-School Komitees
2. Umweltverträglichkeitsprüfungen
3. Maßnahmenplan
4. Monitoring und Evaluierung
5. Bildungsinhalte verknüpfen
6. Informieren und involvieren der Öffentlichkeit
7. Den eigenen „Eco-Code" formulieren (Statement formulieren)

Hier werden Verbesserungen in Lernfortschritten angestrebt, sowie beim Umgang und der Einstellung der SchülerInnen gegenüber ihrer Umwelt. Die Auszeichnung „The Green Flag" wird dann überreicht, wenn Fortschritte in diesem Bereich festgestellt werden können. Österreich nimmt nicht am FEE-Programm teil. (vgl. FEE EE/ESD Principles, 2015)

5.2 ÖKOLOG

Österreich hat sein eigenes Projekt, welches sich „Ökologisierung von Schulen – Bildung für Nachhaltigkeit (ÖKOLOG)" nennt. Dieses wird seit 1996 in Abstimmung mit dem internationalen Netzwerk „Environment and School Initiatives, ENSI" (siehe Kapitel 6.2.2) auf- und ausgebaut. Bei ÖKOLOG handelt es sich um ein Programm, das als Schnittstelle zwischen Umweltbildung und Schulentwicklung fungiert. (PFAFFENWIMMER, 2005)

ÖKOLOG wird vom Unterrichtsministerium aus betrieben und zeichnet Schulen, die den Anforderungen entsprechen, aus. Schon 1986 war das Programm „Umwelt und Schulinitiativen" vom österreichischen „Center for Educational Research and Innovation" (CERI) der „Organisation for Economic Co-operation and Development" (OECD) eingerichtet worden, zu welchem ÖKOLOG ab 1996 eine Ergänzung und Erweiterung bildete. 1996 hat ÖKOLOG das Projekt mit 22 Pilotschulen gestartet.

Die Schwergebiete von ÖKOLOG bilden die Themen: Emission vermeiden, Gesundheitsförderung, Kultur des Lehrens und Lernens, nachhaltiger Konsum und Lebensstile, Ressourcen sparen, Raum in und um die Schule, Schulentwicklung und Schulprogramm oder Zusammenarbeit mit dem Schulumfeld. Das „ÖKOLOG-

Netzwerk" versucht unter dem Motto „Miteinander und voneinander lernen", diese Themengebiete über das schulische Umfeld hinaus sichtbar zu machen und somit Schulen bei der Umsetzung nachhaltiger Umweltaktivitäten behilflich zu sein. (vgl. BUNDESMINISTERIUM FÜR FRAUEN UND BILDUNG, 2014)

5.2.1 ÖKOLOG-Regional

In Österreich hat jedes Bundesland ein eigenes Regionalteam zur Unterstützung von ÖKOLOG-Schulen eingerichtet. In diesen Regionaleteams sind VertreterInnen des jeweiligen Landesschulrates, des pädagogischen Institutes für ÖKO-Schulen tätig. Die Regionaleteams agieren als kommunikative Schnittstelle im ÖKOLOG-Prozess. Diese Regionalteams sind wichtige Ansprechpartner für die beteiligten Schulen. (vgl. BUNDESMINISTERIUM FÜR FRAUEN UND BILDUNG, 2014)

5.2.2 ENSI in Österreich

„Environment and School Initiatives" (ENSI) ist ein regierungsgestütztes internationales Netzwerk, das sich seit 1986 mit internationaler Forschung und Entwicklung im Bereich Umwelterziehung und Schulentwicklung beschäftigt.

ENSI wird in Österreich vom Unterrichtsministerium vertreten. Das österreichische ENSI-LehrerInnen Team leistet unter der pädagogischen Leitung von Univ. Prof. i. R. Dr. Peter Posch (Universität Klagenfurt) Entwicklungsarbeit im Bereich Umweltbildung und Schulentwicklung im Auftrag des Bundesministeriums für Bildung und Frauen. (vgl. BUNDESMINISTERIUM FÜR FRAUEN UND BILDUNG, 2014)

5.3 „Naturerfahrungsräume" für Kinder in Siedlungsbereichen

Nur wenn Natur als wertvolles und sinnstiftendes Gut erfahrbar ist, kann eine Mensch-Natur-Beziehung zustande kommen, die wiederum eine notwendige Voraussetzung dafür ist, dass der Mensch sich für ihren Erhalt einsetzt.

Wie in vorherigen Kapiteln schon beschrieben, stellt das tiefe Eintauchen von Kindern in die Natur einen fundamentalen Beitrag zu ihrer gesunden körperlichen und psychischen Entwicklung dar. Naturräume, in denen ein restriktionsfreier Aufenthalt möglich ist, sind daher unbedingt notwendig. Hier liegt das Problem darin, dass solche Flächen oftmals schon einer Nutzung unterliegen wie zum Beispiel der Land- und Forstwirtschaft, Bebauung mit Wohnhäusern, Gewerbe, Industrie, Verkehrsanlagen oder Tourismus. Außerdem sind sie häufig zu einem geringen Prozentsatz als Schutzgebiete unterschiedlicher Kategorien ausgewiesen und dementsprechend mit Nutzungseinschränkungen verbunden.

Areale, in denen Kinder ihren Bezug zur Natur schärfen können, sind eher zufällig übrig geblieben Flächen, welche vielfach bereits auf neue Nutzungen warten. Die Inanspruchnahme durch Kinder wird häufig nur geduldet.

Areale in denen der Drang nach Entdeckung ausgelebt, sowie der Umgang mit natürlichen Materialien gelernt werden kann, sind Baulücken in Siedlungen, Gewerbe- und Industriebrachen oder Güterbahnhofsgelände. (vgl. ZUCCHI, 2002)

In Deutschland existiert der bundesweite "Arbeitskreis städtische Naturerfahrungsräume", dessen Ziel es unter anderem ist, dass der Begriff "Naturerfahrung" ins Bundesnaturschutzgesetz aufgenommen (§ 2: Grundsätze) und die Flächenkategorie "Naturerfahrungsraum" ins Baugesetzbuch eingeführt wird. (vgl. SCHEMEL 1999).

5.4   Kompetenzen von UmweltbildnerInnen

Um Kindern eine breit gefächerte, zeitgemäß gestaltete Umweltbildung bieten zu können, setzt es gut ausgebildete UmweltbildnerInnen voraus. (vgl. ZUCCHI & JUNKER 2000) Eine besondere Bedeutung kommt den Umweltverbänden zu, die attraktive Kinder- und Jugendangebote, sowohl für den Alltag als auch für die Ferien, gestalten.

5.5   Kompetenzen von Eltern

Nicht zu vergessen ist, dass jeder Mensch auch als Privatperson zahlreiche Möglichkeiten hat, der Naturentfremdung von (eigenen) Kindern entgegenzuwirken. Dies kann beispielsweise durch den Kauf von regionalen, natur- und tierartengerecht hergestellten Lebensmitteln direkt im Hofladen eines nahegelegenen Bauernhofes zusammen mit Kindern, wo sie die Herkunft und den Weg dieser Produkte nachvollziehen können, oder durch häufige gemeinsame Aufenthalte mit Kindern in Natur, geschehen. (vgl. ZUCCHI, 2002)

6 Fazit

Auf Grund unseres Zeitalters und dem momentanen technologischen Stand haben Menschen immer weniger mit Natur zu tun. Dies führt zu einer Naturentfremdung, vor allem der jüngeren Generation.

Im Rahmen der vorliegenden Arbeit wurde versucht genau diese Problematik zu erfassen, indem erstens, die Gründe für die Naturentfremdung gesucht, zweitens, die Probleme der Umsetzung einer konstruktiven Umweltbildung eruiert und drittens, Möglichkeiten und Strategien um der Naturentfremdung entgegen zu wirken, aufgezeigt wurden.

Um die Gründe der Naturentfremdung zu erfassen, wurden unterschiedliche Zielgruppen genau untersucht, wobei das Hauptaugenmerkt auf Kinder und Jugendliche gelegt wurde. Mit Hilfe der Studien über das Zeitmanagement von Kindern und Jugendlichen der Universität Marburg, stößt man auf interessant Zahlen und Fakten. So geht daraus hervor, dass Jugendliche ihre Zeit hauptsächlich mit Freunde treffen (im Durchschnitt 179 Minuten pro Tag), Fernsehen (im Durchschnitt 93 Minuten pro Tag), Musik hören (im Durchschnitt 99 Minuten pro Tag) oder im Internet surfen (im Durchschnitt 47 Minuten pro Tag) verbringen. Natürlich darf nicht vergessen werden, dass sich diese Tätigkeiten auch überschneiden können. Nichts desto trotz wird enorm viel Zeit in den Konsum von digitalen Medien investiert. Aus dieser Studie geht auch hervor, dass viele Kinder in Bezug auf vielerlei Dinge ein vollkommen falsches Naturbild haben. Als Beispiel sei der Begriff der "Gelben Ente" genannt. In einer Umfrage wurde erfasst, wie viele Kinder tatsächlich glauben, dass ausgewachsene Enten gelb sind. Die Schuld ist hier nicht bei den Kindern zu suchen, sondern bei Medien und Büchern, die derartige falsche Naturbilder transportieren. Aus einer anderen Studie ging hervorging, dass Kinder und Jugendliche mit zunehmendem Alter trotz des Medienüberflusses häufig beginnen, selbstständig über die von Medien transportierten falschen Naturbilder zu reflektieren und somit eigenständig der Naturentfremdung entgegenwirken. Weitere Studien zeigen zum Thema, Naturentfremdung bei Jugendlichen, soziodemographische Unterschiede. Die Studie von Jelle Boeve-de Pauw erläutert, dass weibliche Schülerinnen eine bewussterer Einstellung gegenüber zur Natur zeigen, als männliche Schüler. Andere Studien auf demselben Gebiet von „Eagles und Demare" fanden im Gegensatz dazu keine geschlechterspezifischen Unterschiede.

Trotz aller Unterschiedlichkeit diverser Studien kann man zusammenfassen, dass die Tatsache einer voranschreitenden Naturentfremdung existiert und dass dieser entgegengewirkt werden muss. Warum? Weil der Erhalt der Natur, mit ihren Ressourcen und ihrer Artenvielfalt von enormer Wichtigkeit ist.

Aus der Arbeit geht hervor, dass hierfür der psychologische Aspekt bei Menschen eine große Rolle spielt. So ist ersichtlich, dass nur wenn Natur als wertvolles und sinnstiftendes Gut erfahrbar ist, eine Mensch-Natur-Beziehung zustande kommen kann, die wiederum eine notwendige Voraussetzung dafür ist, dass der Mensch sich für ihren Erhalt einsetzt

Um Natur als sinnstiftendes Gut erfahrbar zu machen gibt es bereits unterschiedliche Strategien. Diese reichen von nationalen und internationalen Projekten wie „Eco-Schools" bis hin zu alltäglichen Naturerfahrungsräumen, worunter man Naturräume versteht, in welchen ein restriktionsfreier Aufenthalt möglich ist und Kinder positive Verbindungen zur Natur knüpfen können.

Für die Zukunft ist es wichtig, diese Strategien weiter auszubauen und zu unterstützen. Die Umweltbildung ist ein geeignetes Werkzeug der Naturentfremdung entgegen zu wirken. Man muss den Menschen lediglich beibringen, richtig mit diesem Werkzeug zu hantieren.

7 Literaturverzeichnis

BILDUNGSFORSCHUNG, INNOVATION & ENTWICKLUNG
ÖSTERREICHISCHEN SCHULWESENS, PISA 2012 – Erste
Ergebnisse, 2013, S.3

BODE, W. & M. VON HOHNHORST (1994): Waldwende.
Vom Försterwald zum
Naturwald. - München.

BOLSCHO, D. und SEYBOLD, H.: Umweltbildung und
ökologisches Lernen 1996, Cornelsen Lehrbuch

BUNDESMINISTERIUM FÜR FRAUEN UND BILDUNG, 2014, ENSI
– Environment and School Initiatives – Österreich,
https://www.bmbf.gv.at/schulen/ensi/index.html,
(11.02.2015)

BUNDESMINISTERIUM FÜR FRAUEN UND BILDUNG, 2014,
ÖKOLOG – Ökologisierung von Schulen,
https://www.bmbf.gv.at/schulen/unterricht/prinz/Oekolo
gisierung_von_Schu1817.htm, (03.02.2015)

BUNDESMINISTERIUM FÜR UMWELT, NATURSCHUTZ UND
REAKTORSICHERHEIT, BMUB, Agenda 21,

BUNDESMINISTERIUM FÜR UMWELT, NATURSCHUTZ UND REAKTORSICHERHEIT, BMUB, Naturbewusstsein, Zusammenfassung Naturbewusstsein 2011, Bevölkerungsumfrage zu Natur und biologischer Vielfalt, http://www.bfn.de/fileadmin/MDB/documents/themen/gesellschaft/Naturbewusstsein_2011/Naturbewusstsein-2011_barrierefrei.pdf, 08.01.2015

BRÄMER, Jugendreport Natur 1997, Naturverklärung (Bambi-Syndrom), http://www.wanderforschung.de/files/rep971255855059.pdf, (01.12.2014)

BRÄMER, Jugendreport Natur 2003, Nachhaltige Entfremdung, http://www.wanderforschung.de/files/report03lang1240491490.pdf, (08.12.2014)

BRÄMER, Jugendreport Natur 2006, Natur obskur, http://www.wanderforschung.de/files/jrn-06-ergebnisuebersicht1255258218.pdf, (05.12.2014)

BRÄMER, Jugendreport Natur 2010, Natur: vergessen?, http://www.sdw.de/pdf/Jugendreport%20Broschuere%202010.pdf, (08.12.2014)

CARTMILL, M.: The Bambi Syndrome: Hunting Passion and Misanthropy in Cultural History, 1995, Rohwohlt

FLIEGENSCHNEE, M. und SCHELAKOVSKY A., Umweltpsychologie und Umweltbildung, 1998, Facultas

FOUNDATION FÜR ENVIRONMENTAL EDUCATION, FEE, Annual Report 2013, http://www.fee-international.org/en/material/files/fee-annual-report-2013.pdf, 02.02.2015

FOUNDATION FÜR ENVIRONMENTAL EDUCATION, FEE, Principles, 2015

HORNSTEIN, W., 2001, Erziehung und Bildung im Zeitalter der Globalisierung, Zeitschrift für Pädagogik 47, S. 17 – 37
KOZAR, G. und LEUTHOLD, M., 1994, Es grünt zu grün, Eine qualitative Untersuchung zur außerschulischen Umweltbildung in Österreich, S. 20, WUV, Universitätsverlag

LORENZ, K., o.J
LUDE,A., Naturerfahrung und Naturschutzbewusstsein, Eine empirische Studie, Innsbruck, 2001

NATIONALER AKTIONSPLAN, UN Decade of Education for Sustainable Development 2005-2014 , S.9

PFAFFENWIMMER, G., SCHWERPUNKTPROGRAMM „ÖKOLOGISIERUNG VON SCHULEN – BILDUNG FÜR NACHHALTIGKEIT ÖKOLOG" ANALYSE UND AUSBLICK, , 2005, S. 4 - 6

REPORT OF THE UNITED NATIONS CONFERENCE ON THE HUMAN ENVIRONMENT, 1972, Grundsatz 3

ROST, J., 1999, Was motiviert Schüler zum Umwelthandeln, Unterrichtswissenschaft 3, S. 213 - 231

ROST, J., 2002, Zeitschrift für internationale Bildungsforschung und Entwicklungspädagogik 25, S. 7-12

SCHEMEL, 1999: Die städtischen Naturerfahrungsräume – eine Flächenkategorie zur Entwicklung und zum Erleben von naturnahen Flächen im besiedelten Raum. - Geobot. Kolloq. 14, S. 89 - 95

STAMPF, 0., 2000, Naturschutz: Ende der Aussperrung - Der Spiegel 5o, S. 256 - 259

ZUCCHI, H., 2000, Naturzerstörung scheibchenweise oder: der lange Weg von Rio nach Deutschland. Nationalpark 108, 34-35

ZUCCHI, H.: Naturentfremdung bei Kindern und was wir entgegensetzen müssen, 2002

ZUCCHI, H., JUNKER, S., 2002, Umweltbildung im Rahmen landespflegerischer Studiengänge - das Beispiel der Fachhochschule Osnabrück (Niedersachsen) , Natur u. Landschaft 75, S.158 -164.

8   Tabellenverzeichnis